升级版 2

这就是物理

ENERGY能量

米莱童书 著·绘

U0183301

北京理工大学出版社
BEIJING INSTITUTE OF TECHNOLOGY PRESS

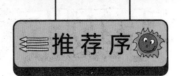

推荐序

　　每个孩子从出生起，就对世界充满了好奇，如果想要了解世界，物理学就不可或缺。物理学是我们认识世界的桥梁，它揭示了事物发生和发展的客观规律，更是许多科学的基础。但是物理的概念繁多，知识点之间的关联性很强，对于刚接触物理的孩子来说，有些复杂难懂。

　　如何将复杂的物理知识，生动有趣地展现给孩子，就显得十分重要了。《这就是物理·升级版》就是专为孩子们打造的物理学科启蒙图书，以趣味漫画的形式将严肃的科学原理与生活中的有趣现象联系起来。比如：声音是怎么产生的？冰箱、电视等电器的电是怎么来的？为什么洒在地上的水过一会儿就不见了？为什么下雨后会有彩虹？为什么汽车车轮胎有花纹是为了增加摩擦，而汽车车轮轴又要加润滑油以减小摩擦……

　　不仅如此，在这里，还有物质、能量、声、光、电、磁、力，这些物理概念化身成一个个活泼可爱的主人公，为我们一点点展现奇妙的物理世界。大到宇宙天体、小到基本粒子，从日常生活到前沿科技，这套书将严肃枯燥的理论，由浅入深、轻松有趣地表达出来，十分适合喜欢物理的孩子阅读。

　　希望这套物理启蒙漫画书能够让孩子们喜欢上物理，并帮助孩子们在知识的海洋中尽情遨游。

中国工程院院士、电子光学和光电子成像专家

周立伟

目 录

嗨，我是能量！……………………………04

能量有什么本领？…………………………06

能量从哪儿来？……………………………08

当物体动起来 ………………………………12

当物体在高处 ………………………………14

当物体发生形变 ……………………………16

物体内也有能量 ……………………………18

内能可以改变 ………………………………20

生活中的热传递 ……………………………22

神奇的热胀冷缩 ……………………………24

测量冷热的工具 ……………………………26

能量是守恒的 ………………………………28

能源不是取之不尽的………………………32

节约能源，从我做起………………………36

嗨，我是能量！

能量有什么本领？

能量从哪儿来？

地球最初的生命是在海洋里诞生的，他们的能量来自于海底火山。

火山的能量来自地球内部，也就是地热能。地球内部的温度很高，最热的内核高达 7000 摄氏度。

火山喷发产生的能量，让海洋中开始出现简单的生命。但要是想形成更复杂的生命，还需要更多的能量。

一种被称为蓝细菌的微生物创造性地开始利用太阳能，这也是光合作用的初级形式。

当物体动起来

马儿奔跑、汽车行驶会产生能量，这个能量就是动能。

湍急的流水可以产生动能，推动水车。

高速运动的子弹可以产生动能，击穿靶子。

这些物体都在运动，而物体由于运动产生的能，就叫作动能。

当物体在高处

日常生活中还有一种常见的能叫势能。比如，石头从悬崖落下时，会将地面砸出大坑，这说明石头有能量。

冰雹从高空落下砸到头，你会觉得疼，说明冰雹有能量。

在打桩时，打桩机先把重锤高高举起，再落下，就可以把桩打入地下，说明重锤也有能量。

物体处于高处时具有能量，这个能量叫作重力势能。当物体落下时，重力势能就会释放出来。

像这样，两只手拿着一大一小两块石头，在相同高度处松手。此时我们会看到，质量更大的那块石头在沙子中陷得更深。

再拿两块相同质量的石头，在不同高度处松手，那么，更高的那块石头便在沙子中陷得更深。

这样看来，物体的质量越大、所在位置越高，它具有的重力势能就越大。有了重力势能，即使很小的物体从高处落下，也具有很大的能量。

所以，住在楼房里的小朋友，千万不要向窗外扔东西，这可是很危险的！

当物体发生形变

还有一种势能也很常见。例如，网球拍受到挤压时，会产生能量，将网球弹出。

弹弓被拉开会产生能量，将石头射出。

被压弯的跳板会产生能量，将运动员弹起。

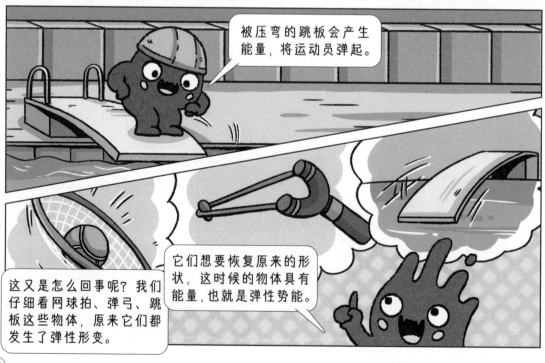

它们想要恢复原来的形状，这时候的物体具有能量，也就是弹性势能。

这又是怎么回事呢？我们仔细看网球拍、弹弓、跳板这些物体，原来它们都发生了弹性形变。

弹性势能的大小与什么有关呢?

当拉弹弓时,你会发现弹弓被拉开得越长,石头便射得越远。

蹦床凹陷得越深,反弹得越高。看来,弹性势能与形变程度有关。物体的弹性形变越大,具有的弹性势能就越大。

机械能 ┫ 动能
         └ 势能 ┫ 重力势能
                └ 弹性势能

我们给这些能量起了一个统一的名字,就叫机械能。

物体内也有能量

我们用眼睛看到的运动物体具有动能。看不见的物体内部，分子们也在运动，它们同样具有动能。

分子总是在不停地做热运动，温度越高，速度越快，动能也就越大。

另外，分子之间还存在像弹簧形变一样的力。当物体被压缩，分子间的距离变小，分子就会互相排斥。

当物体被拉伸，分子间距离变大时，分子又会互相吸引。所以，分子也具有势能，而这种势能叫作分子势能。

内能可以改变

物体的内能不是固定不变的，它可以通过一些方式改变。比如，把烧热的铁放在冷水中，铁会变凉，而冷水会变热，这个过程就发生了热传递。热传递可以改变物体的内能。

铁遇到冷水，温度降低，铁原子的运动速度变慢，内能降低。

水遇到热的铁，温度升高，水分子的运动速度变快，内能升高。

生活中的热传递

在生活中，我们经常会用到热传递。比如，冬天用热水袋暖手，手慢慢变热，热水袋则慢慢凉下来。

发烧时，把凉毛巾放在额头上。

炒菜时，热量先由火焰传到锅底，再传到锅的各个部位，最后传到锅里的蔬菜中。这些过程都发生了热传递。

过了一会儿，毛巾温度升高，人的体温下降，也就起到了降温作用。

地球表面也发生着热传递，我们知道，地球上的能量大部分来自太阳，太阳通过热辐射把能量传送到地面。

地面受热后也会产生热辐射，向外传递热量。地球表面有大气层，大气层中的二氧化碳会减弱这种热辐射。

因此，地球表面的温度会维持在一个相对稳定的水平，这就是温室效应。适度的温室效应是维持地球上生命生存环境稳定的必要条件。

神奇的热胀冷缩

物体温度的改变，不仅会引起内能变化，还会引起体积变化。比如，被踩扁的乒乓球放在热水里会鼓起来。

这是因为内部的气体受热体积增大，就把乒乓球撑起来了。

大多数物质受热时会膨胀，遇冷时会收缩，这就是热胀冷缩现象。物质内的分子一直在运动，当温度上升时，分子运动幅度加大，物质体积变大。

当温度下降时，分子运动的幅度减小，物质的体积也就跟着缩小了。

夏天，不能给轮胎充太足的气，这是为了防止温度过高时，轮胎内的气体膨胀可能会引起爆胎。

把煮熟的鸡蛋放在冷水中浸一浸。

里面的蛋白遇冷时，收缩得比蛋壳快，此时的蛋壳就很容易剥开。

拧不下的金属瓶盖放在热水里浸一会儿，由于瓶内气体受热膨胀，瓶盖就很容易被拧开。

测量冷热的工具

真暖和。

温度和我们的生活息息相关，平常我们可以通过感觉来判断温度的高低，来感受冷和热。

好热。

好冷啊。

但有时候，我们的感觉不一定准确。

像这样，把两只手分别放入热水和冷水中。

危险动作，请勿模仿！▶

过一会儿，再把双手同时放入温水中，哎？两只手的感觉不一样啊。看来，如果我们完全依靠感觉，无法准确判断物体的冷热。

能量是守恒的

手冷的时候搓一搓，就会感觉热起来。这是怎么回事？热量可以凭空产生吗？

当然不是，这是因为不同形式的能量之间可以相互转化。当你搓手时，动能转化成了内能，所以感觉手热起来了。

苹果从高处下落时速度越来越快，这是因为苹果的重力势能转化成了动能。

箭会被射出去，是因为弓的弹性势能转化成了箭的动能。

把一个小球放在凵形坡顶端，然后松手。这时，小球的重力势能转化成动能，小球快速向下滑去。

下滑时，小球重力势能越来越小，动能越来越大。

重力势能 ///////
动能 ///

重力势能 ///////
动能 //////

动能 ///////

当滑到最底端时，动能达到最大值，小球并没有停下来，而是继续向前滑动。

重力势能 ///////
动能 ///

动能又转化成重力势能，小球冲上另一侧的斜坡。小球最终会冲出斜坡吗？

当然不会，因为能量是守恒的。当小球冲到对面斜坡的最高点时，重力势能应该与最初的重力势能一样大，也就是说小球会滑行到原来的高度。

实际上，由于摩擦生热，一部分重力势能转化成小球与斜坡的内能，所以小球的重力势能会比最初的要小，而且还会越来越小，最终无法冲出斜坡。

就像掉在地上的网球会越弹越低一样，并不是能量减少或者消失了，而是能量转化成了空气和网球的内能。

同样地，在行驶的汽车中，燃料的化学能一部分转化为汽车的机械能，另一部分则转化成了热能和周围环境的内能。

能源不是取之不尽的

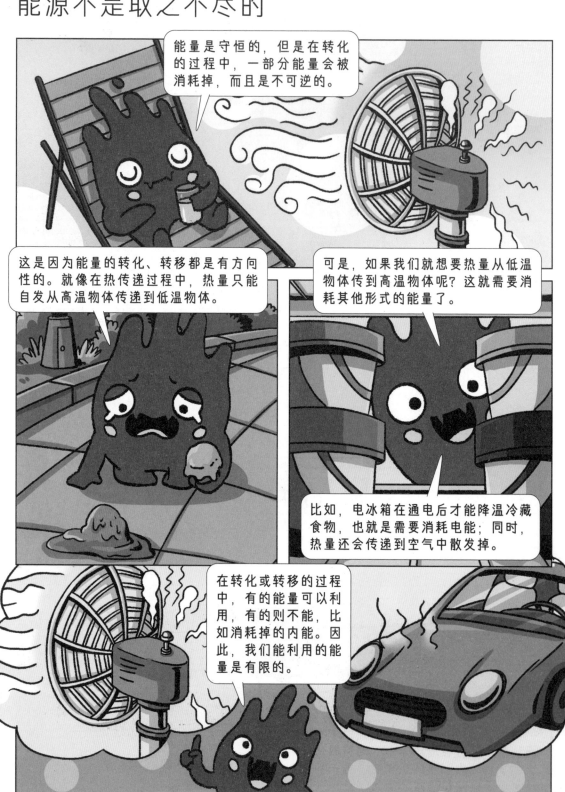

能量是守恒的，但是在转化的过程中，一部分能量会被消耗掉，而且是不可逆的。

这是因为能量的转化、转移都是有方向性的。就像在热传递过程中，热量只能自发从高温物体传递到低温物体。

可是，如果我们就想要热量从低温物体传到高温物体呢？这就需要消耗其他形式的能量了。

比如，电冰箱在通电后才能降温冷藏食物，也就是需要消耗电能；同时，热量还会传递到空气中散发掉。

在转化或转移的过程中，有的能量可以利用，有的则不能，比如消耗掉的内能。因此，我们能利用的能量是有限的。

在生产生活中，我们使用的大部分能量都来自化石燃料的燃烧，比如火电厂利用煤燃烧产生电能。

石油除了做燃料，还可以生产药物。

日常生活也离不开天然气。

煤、石油、天然气都是化石燃料，它们的形成需要几百万年，一旦用完很难再生，所以也被称为不可再生能源。

天然气

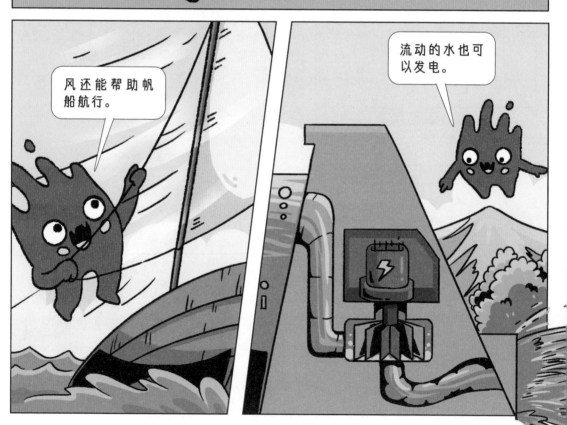

此外，我们还可以开发和利用新能源。

我们知道原子的中心是原子核，一旦原子核发生分裂或者相互结合，就会释放出巨大的能量，这就是核能。

氢燃烧后的产物是水，所以氢能是世界上最干净的能源。

地球内部的热量是地热能。

还有海洋能、生物质能等，都是可以开发利用的新能源。

节约能源，从我做起

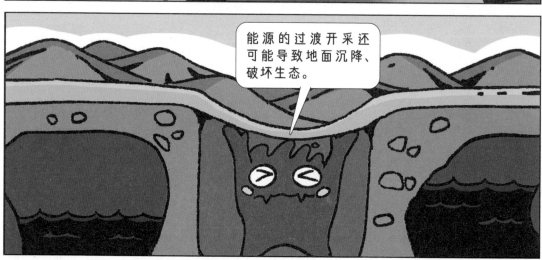

纸张写完一面，可以翻过来继续写。

因此，我们要合理利用能源，减少能源的消耗。水不用的时候要关掉水龙头。

废弃的纸箱、玩具可以循环利用

选择绿色出行，尽量少使用一次性产品。

尽量使用可再生的清洁能源。未来还有很多新能源等待你来发现。

我是能量，我在未来等你哟！

角色卡

- **姓名** 能 量

- **年龄** 和宇宙的年纪一样大，
或许比宇宙的年纪还大

> 关于宇宙的来源，不同科学家有不同的看法。有人认为宇宙来源于一个密度无限大的点发生的爆炸，这个点被叫作"奇点"；有人认为在大爆炸之前还有另一个"时间倒流"的宇宙。

- **装 备** 温度计

- **普通技能** 能够改变物质的状态

- **特殊技能** 让物质心甘情愿地成为它的运载体

> 大多数情况下，能量无法离开物质独立存在。灯泡能够发亮，是因为电线把电能输送到灯丝上；汽车能够在街上行驶，是汽油为它提供了能量；食物能够被烤熟，是火焰提供了能量。

- **天 赋** 能量守恒

- **武 学** 遇强则强

> 速度越快、形变越大、位置越高、温度越高的物体，具有的能量越大。

- **关联物品** 煤、石油、天然气……

- **行动范围** 全宇宙

创作团队

米莱童书

米莱童书

米莱童书是由国内多位资深童书编辑、插画家组成的原创童书研发平台。旗下作品曾获得 2019 年度"中国好书"，2019、2020 年度"桂冠童书"等荣誉；创作内容多次入选"原动力"中国原创动漫出版扶持计划。作为中国新闻出版业科技与标准重点实验室（跨领域综合方向）授牌的中国青少年科普内容研发与推广基地，米莱童书一贯致力于对传统童书进行内容与形式的升级迭代，开发一流原创童书作品，适应当代中国家庭更高的阅读与学习需求。

策 划 人： 刘润东　魏　诺

统筹编辑： 秦晓英

原创编辑： 窦文菲　秦晓英　张婉月

漫画绘制： Studio Yufo

专业审稿： 北京市赵登禹学校物理教师 张雪娣

装帧设计： 刘雅宁　张立佳　辛　洋　刘浩男　马司雯　朱梦笔

图书在版编目（CIP）数据

这就是物理：升级版：全10册 / 米莱童书著、绘
. -- 北京：北京理工大学出版社，2023.6（2024.12重印）
ISBN 978-7-5763-2374-0

Ⅰ.①这… Ⅱ.①米… Ⅲ.①物理学－青少年读物
Ⅳ.①O4-49

中国国家版本馆CIP数据核字(2023)第082201号

出版发行／北京理工大学出版社有限责任公司
社　　　址／北京市丰台区四合庄路 6 号
邮　　　编／100070
电　　　话／（010）82563891（童书售后服务热线）
经　　　销／全国各地新华书店
印　　　刷／朗翔印刷（天津）有限公司
开　　　本／710毫米×1000毫米　1／16
印　　　张／25
字　　　数／600千字
版　　　次／2023年6月第1版　2024年12月第12次印刷
定　　　价／200.00元（全10册）

责任编辑／封　雪
文案编辑／封　雪
责任校对／刘亚男
责任印制／王美丽